阿诺的数学王国历险记

绝处逢生

张顺燕◎主编　　纸上魔方◎绘

吉林科学技术出版社

图书在版编目（CIP）数据

绝处逢生 / 张顺燕主编. -- 长春 ：吉林科学技术
出版社，2022.11
（阿诺的数学王国历险记）
ISBN 978-7-5578-9395-8

Ⅰ. ①绝… Ⅱ. ①张… Ⅲ. ①数学—青少年读物
Ⅳ. ①O1-49

中国版本图书馆CIP数据核字(2022)第113527号

阿诺的数学王国历险记　绝处逢生
A NUO DE SHUXUE WANGGUO LIXIANJI　JUECHU-FENGSHENG

主　　编	张顺燕
绘　　者	纸上魔方
出 版 人	宛　霞
责任编辑	郑宏宇
助理编辑	李思言　刘凌含
封面设计	长春美印图文设计有限公司
制　　版	长春美印图文设计有限公司
幅面尺寸	167 mm×235 mm
开　　本	16
印　　张	7
字　　数	100千字
印　　数	1-6 000册
版　　次	2022年11月第1版
印　　次	2022年11月第1次印刷

出　　版	吉林科学技术出版社
发　　行	吉林科学技术出版社
地　　址	长春市福祉大路5788号出版大厦A座
邮　　编	130118

发行部电话/传真　0431-81629529　81629530　81629531
　　　　　　　　　　81629532　81629533　81629534

储运部电话　0431-86059116

编辑部电话　0431-81629518

印　　刷　吉广控股有限公司

书　　号　ISBN 978-7-5578-9395-8
定　　价　32.00元

序言

　　新蜂王阿诺诞生于自由、幸福的蜜蜂王国。这一天，可恶的大马蜂入侵了它们的家园，打破了这里的宁静。

　　在与大马蜂的战斗中，蜜蜂王国烽烟四起，蜜蜂们死伤无数，老蜂王也在这场战斗中身受重伤，眼看着蜜蜂王国就要被毁灭了。

　　危急关头，老蜂王嘱托阿诺，只有找到传说中的勇士之心才能拯救蜜蜂王国，而寻找勇士之心的路途上险象环生，还要破解一道道数学难题。

　　作为新蜂王的阿诺，毅然肩负起重任，扇动着稚嫩的翅膀，踏上了寻找勇士之心的旅途。一路上，阿诺解救了很多为魔法所困的昆虫，并与这些昆虫成为要好的朋友，大伙儿齐心协力破解了一道道数学难题，然而前路依旧坎坷且充满艰辛，又有多少新的数学难题等待着它们，阿诺和它的昆虫朋友能成功吗？

　　让我们拭目以待吧！

登场人物介绍

阿诺

虽然看起来穿着普通，但腰间的黑条纹透露出它身份的不一般。尽管在寻找勇士之心的道路上充满了艰难险阻，但它凭借自己的智慧和力量，取得了成功，是跟一切正义过不去的黑天牛最不敢轻视的对手。

迪宝

一只曾经被困在界碑里的金龟子，家乡在神奇的空中之国仙子岩。它生来就能够掌控能量之泉，虽然有点胆小，个头也不是那么高，但内心却充满正义的力量。

木棉天牛麦朵

可爱的木棉天牛，别看它的样子普普通通，性格温和，身份可不一般，是一位手艺高超的木偶工匠，能操纵一群可爱的小木偶。它总是和叶虫红贝克结伴而行，是阿诺得力的帮手。

红贝克

一个模样很像叶子的家伙，而且是谁都不会在意的叶子。它的古怪外貌，让人觉得它脾气火暴，它还总是穿一件大披风，腰上藏着一把大刀，那模样看起来好像在说，要是得罪了它，可有的瞧了。

九头蜥蜴

一个既有趣又有点神经质的坏蛋，是黑天牛的左膀右臂，脖子上的九个脑袋上分别戴着眼镜，还穿着时髦的铠甲。它总是装出一副威风凛凛的模样，可脑袋瓜不太聪明，时常让黑天牛头痛。

巨灵神

眼神不太好，喜欢穿一条荷叶做的大裙子，不仅拥有大块头，还是一个十足的大力士，专爱打抱不平。虽然总是帮倒忙，惹来别人的不满和抱怨，甚至惹人动用武力来教训它，但它还是每天早晨起来东张西望，热心帮助每一位需要帮助的人。

目 录

扫码可得

本书精品配套资源
你的数学学习随身课堂

 本书在线服务

★本书配套音频

读书原来可以这么有趣!

★数学单位课堂

应用在生活的方方面面!

★数学学习方法

掌握方法才是重中之重!

★课后故事随身听

睡前故事带你放松一下!

 在线读书工具

✓ 读书打卡册:培养阅读习惯好方法!

✓ 读书交流圈:阅读交流分享好去处!

扫码获取配套内容

最近，金龟子迪宝总是梦到自己在仙子岩的父王老金龟子庞斯，它一脸泪水，坐在废墟上哭泣。

迪宝还梦到仙子岩的湖泊干了，仙子岩也倒塌了，所有的房子都被压毁了。这令它坐立不安。

"我必须赶快动身。"

窗外，大雪纷飞，这可怎么办？

迪宝急急忙忙地缝制了一件羽毛披风，头戴一顶大羽毛帽子，闯进风雪里就上路了。

"如果不是迪宝，我现在也许还迷失在时光森林里。"蜂王阿诺不想让迪宝独自冒险，想都没想就闯进漫天风雪中。

"等等我们！"

迪宝身后，蜂王阿诺、叶虫红贝克和木棉天牛麦朵勇敢地追上来。

于是，风雪中的四个伙伴，在羽毛披风的保护下，哆哆嗦嗦地上路了。

经历了千难万险，它们终于要到达神奇的四季如春的仙子岩了。

可是今日的仙子岩与往日不同，极目远望，只见仙子岩上尘雾弥漫，飞沙走石，大地传来剧烈的震动，森林里的生灵在奔窜哀号。

"不要！"

迪宝刚要冲进去，尘雾中飞出一个浑身被轻薄的蛛丝包裹的家伙。它一头撞进迪宝的怀里："小主人，你终于回家啦！"

"墨丝，发生了什么事？"迪宝看清楚眼前站着的这个家伙，是父王的仆人

蚁蛛

蚁蛛大多生活在山区林地和田间，它们会在树叶上结网，以捕捉蚂蚁和其他小昆虫为食。蚁蛛一般是黑色的，外形长得跟蚂蚁很像，但比蚂蚁的体形大了好几倍。遇到蚂蚁，蚁蛛会主动爬上前去，蚂蚁误以为遇到了同伴，与它碰碰触角打招呼。可一旦碰到了触角，蚂蚁立刻会疼得乱窜，蚁蛛便趁机冲上前把蚂蚁捉住。

墨丝，于是惊慌地问。

"现在没时间跟你解释，你现在贸然进入，只会是死路一条。"大蚁蛛墨丝抛出8片结实的金光蛛丝网，"用$\frac{1}{8}$的蛛丝网当左墙，$\frac{1}{8}$的蛛丝网当右墙，前后墙也是$\frac{1}{8}$，再用$\frac{2}{8}$的蛛丝网当天花板，剩下的全部当地板，制作一栋结实的蛛丝屋，才能平安地飞到仙子岩……要是你不那么贪玩，跑出仙子岩，一定已经学会用8片金光蛛丝网制作蛛丝屋的方法了。"

墨丝乘风飞起，最后留下一句话："老国王庞斯危在旦夕，我得马上去保护它了。"

面对谜一样的建屋方法，迪宝急得团团转，它决定先冒险飞进去。

如果不是阿诺出手相救，迪宝准被飞来的巨石砸死了。"墨丝说得对，只有乘坐蛛丝屋，才能够安全到达目的地。"

可是，迪宝归心似箭，根本无法集中精力思考建屋方法。

"迪宝你得冷静下来，我们相信你一定能很快把这道难题解开。"蜂王阿诺说，"在数学中，把一个物体平均分成几份，每份就是这个物体的几分之一。$\frac{1}{8}$ 的蛛丝，也就是1份。$\frac{2}{8}$ 的蛛丝是2份……"

"可是，我们根本不知道蛛丝屋的地板需要多少蛛丝网。"叶虫红贝克认为这才是大问题。

"前后左右墙分别是 $\frac{1}{8}$，天花板是 $\frac{2}{8}$，想知道这些数量，就是 $\frac{1}{8}+\frac{1}{8}+\frac{1}{8}+\frac{1}{8}+\frac{2}{8}=\frac{6}{8}$。"阿诺说。

绝望中的迪宝听后兴奋地跳起来："谢谢你！阿诺，按照你的方法，再用 $\frac{8}{8}-\frac{6}{8}=\frac{2}{8}$，2份正是地板所需要的份数。"

叶虫红贝克与木棉天牛麦朵可不想见死不救。

它们飞快地工作起来，眨眼间就将一栋结实的金光蛛丝屋建好了。

伙伴们钻进蛛丝屋，飞过地动山摇的家园时，迪宝发现整个仙子岩已经倾覆了，而它的父王庞斯被压在仙子岩之下，身受重伤。

庞斯说："整个仙子岩被邪恶黑天牛的兄弟九头蜥蜴掀翻了。所有生物都被压在山下，最可怕的是仙子岩上的

精灵花在暗无天日的环境下正在慢慢枯死。如果不想办法挽救，我们就再也不能吸收到精灵花的能量了，这里不仅将变成一片死亡废墟，而且所有的金龟子也会失去世代相传的伟大魔法。"

墨丝对它们说，想要拯救仙子岩，必须去寻找巨灵神来帮忙，它力大无穷，能将倾覆的仙子岩重新翻转过来。

为了救出被压在岩石下奄奄一息的父王，迪宝和伙伴们踏上了寻找巨灵神的道路。

第 2 章

树牢里的虫头琴

（按规律填数）

巨灵神居住在神仙岛。

"神仙岛在什么地方？"阿诺从未听说过这个地方。

"它藏在云雾之中。"老国王庞斯的仆人蚁蛛墨丝一脸神秘，
"想要到达那个神奇的地方，你们必须拥有一对能飞上万米高空的翅膀。"

这可吓坏了小伙伴们。

更可怕的还在后头。

墨丝说："想要生出这不寻常的翅膀，你们得采摘到仙灵芝，但它们被鬼面蛾看守着，想得到简直比登天还难。"

迪宝知道，墨丝说得一点儿也不夸张。

鬼面蛾躲在一个枯树洞里，终日不停地弹奏虫头琴。不管是谁，只要听

到这种琴声，就会失去意识，任人摆布。

　　鬼面蛾身穿一件黑袍，经常偷偷贩卖一些小灵药，听说，都是由不幸生灵的器官做成的。

　　"想要阻止虫头琴发声也不是不可以。"墨丝压低了嗓音，"每天一到午夜，鬼面蛾就要休息一小时，趁这一小时的时间，你们从碧玉泉中提两桶水上来，搅在一起，将虫头琴泡在里面，不一会儿，虫头琴就会生出翅膀飞走，到时候鬼面蛾就再也无法弹琴了。"

　　墨丝交代它们："碧玉泉不只有一处，好像有几十处，而且按一定的编号顺序排列，瞧见这些数字了吗？2，6，12，20……只要破解出接下来的两个数字是什么，你们就能找到那两处泉水，准保能行。"

　　迪宝知道自己不能再消沉下去了，那样，只会耽误拯救仙子岩上一切生灵的时间。

　　它走走又停停，突然惊喜地抬起头："在数学知识中，按照一定次序排列起来的一列数，叫作数列。例如，自然数列：1，2，3，4……双数列：2，4，6，8……我们研究数列，就是为了发现数列中数排列的规律，并依据这个规律来填写空缺的数。按照一定的顺序排列的一列数，

只要从连续的几个数中找到规律，就可以知道其余所有的数。寻找数列的排列规律，除了从相邻两数的和、差考虑，有时还要从积、商考虑。善于发现数列的规律是填数的关键。根据这些知识，我们可以看出，$2=1 \times 2$，$6=2 \times 3$，$12=3 \times 4$，$20=4 \times 5$，接下来的两个数就是$5 \times 6=30$，$6 \times 7=42$。"

"你是说，是30和42？"阿

诺马上行动起来。

迪宝说得一点儿也不错。

它们找到编号为30和42的两处泉眼，提了两桶水，搅在一起，趁午夜鬼面蛾睡觉之际，将虫头琴泡在泉水中，它果真长出了翅膀，飞上了天空，跑掉了。

伙伴们乘机采摘到了仙灵芝，这时鬼面蛾醒来了，它发现树洞里不仅钻进几个陌生来客，而且心爱的虫头琴也消失了，气得脸色发青，立即拉下机关，将它们关进了树牢里。

"休想逃走！"鬼面蛾阴森森地瞪起眼睛，"除非你们把上锁的牢门打开。"

一说完，鬼面蛾就去寻找它的虫头琴了。

阿诺和迪宝呆呆地盯着门上的大锁。

迪宝尝试了几次，虽然它会使用小魔法，可是这牢门上有邪恶魔法的封印，无法被打开。

"这上面有几个数字。"阿诺拂掉门上的灰尘，发现了下面的一串数字：

2 3 5 8

"门上有一个阀门，"迪宝说，"这是不是提示我们，只要转动上面这四个数字当中的任意一个数字对应的次数，牢门就会打开？"

阿诺按住它的手，又拂了一下门上的灰尘："瞧，这上面写着，8后面的数字应该是几，就转几次。"

迪宝叫道："2+3=5，3+5=8，这组数字的规律就是前两个数字相加的和等于第三个数字，所以接下来的数字应该是5和8的和，5+8=13。"

"是13！"叶虫红贝克开始试着转阀门。

它和木棉天牛麦朵配合得天衣无缝，两个伙伴很快就转动了13下阀门，树牢的门竟然"吱"的一声被推开了。

令大家没想到的是，一个巨大的危险，正在门外迎接它们……

第3章

猴面小·龙兰
的武器

（简单枚举一）

本书配套音频
数学单位课堂
数学学习方法
课后故事随身听

扫码领取

树牢外面有一棵猴面小龙兰。那是鬼面蛾种在这里的，预防有人越狱。

猴面小龙兰的花蕊里每次都能射出三支利箭，这箭正是花蕊里的花丝，其中两支箭无毒，而另一支箭里含有剧毒。

一听到门响，猴面小龙兰转动脑袋，开始寻找目标。

阿诺躲闪不及，被一箭射中后腿，倒在了地上。

另一支箭射中了木棉天牛麦朵的触角，木棉天牛麦朵也直挺挺地倒下了。

猴面小龙兰

猴面小龙兰主要分布在南美洲热带的厄瓜多尔、哥伦比亚等高海拔地区。它们喜欢湿润、通风的环境，多分布在海拔 1400 ～ 2600 米的山地云雾林的树上或石头上。猴面小龙兰的花朵看上去像一张猴脸，所以又被叫作"猴脸兰花"。猴面小龙兰可以在任何一个季节开花，但花期较短，单朵花只能存活 5 ～ 7 天。

　　最后一支箭射中了树上的一片树叶，只见先是树叶发黑，紧接着整棵大树变得黑而干枯，仅仅几分钟的时间，鬼面蛾的树牢就变成了枯树桩。

　　"我也要死了吗？"木棉天牛麦朵被吓坏了，它倒地呻吟，额头不断冒出冷汗，脸色越来越苍白。

　　阿诺也感到浑身发冷，小腿还在不停地抽搐。

　　"伙伴们，你们很幸运。"迪宝将它们拉到一大片紫藤萝的叶子下面，"这三支箭，只有一支箭有毒，而大树被箭射中后就枯死了，所以那应该是一支毒箭。根据这个概率，你们身上的箭一定是无毒的！"

　　"概率是什么？"木棉天牛麦朵好奇地问。

　　"概率就是一个事件发生的可能性大小。比如，晚上睡觉，我们是被蚊子咬的次数多，还是被蝎子蜇的次数多？"迪宝问。

"当然是被蚊子咬的次数多，因为蝎子很少见。"叶虫红贝克说。

"那就是说你被蚊子咬到的概率比被蝎子蜇到的概率高，可能性更大。"迪宝解释说，"这就是概率。"

现在，概率问题虽然已经弄清楚了，可猴面小龙兰的灾难还没有躲开。

"这难不倒我。"叶虫红贝克的家族世代都以制造木偶为生。

它决定制造几个与它们一模一样的逼真的木偶。

木偶制造好后，木棉天牛麦朵却摇摇头："它们中箭不会被毒死，因为是木头制造的。可是它们逃出去，并不代表我们也能够逃出去。"

"如果想要获胜，我们还必须掌握数学知识——枚举法。"红贝克说。

"枚举？"阿诺瞪大眼睛。

迪宝却露出微笑："枚举法是一种常见的分析问题、解决问题的方法。一般根据问题要求，通过一一列举来解答问题。运用枚举法解应用题时，必须注意无重复、无遗漏，因此必须有次序、有规律地进

行枚举。运用枚举法解题的关键是要正确分类，要注意以下两点：一是分类要全，不能遗漏；二是枚举要清，要将每一个符合条件的对象都列举出来。"

叶虫红贝克眨眨眼："瞧好了！"

它上好发条，让与自己一模一样的木偶跑到猴面小龙兰的视线之内。

猴面小龙兰马上射出一箭。

小木偶虽然没有生命，可是它是木头制造的，如果被毒箭射中，那么中箭的位置就会变成黑色。

这个小木偶中箭位置变黑了。

"冲啊！"不等木棉天牛麦朵反应过来，红贝克就拉着它朝猴面小龙兰的视线之内跑，"这说明第一支箭有毒，所以，后面两支箭无毒，我们中毒的概率为零。"

果然，当它们逃出猴面小龙兰的攻击范围后，虽然身上各中一箭，却并没有中毒而亡。

"现在轮到我们了。"迪宝重重地吐出一口气，放出了与阿诺模样相同的木偶。

小木偶飞快地奔跑着，中了一箭，没有发黑。

迪宝马上又放出模样是木棉天牛麦朵的木偶，这一次，木偶发黑了。

迪宝一把将阿诺推出去："胜利属于你！"

阿诺虽然中了一箭，但箭没有毒，它逃生了。

这次，只剩下迪宝模样的木偶了，除此再无其他木偶。

迪宝一边暗中祈求自己平安，一边放出木偶。令人难过的是，木偶没有发黑。

这可怎么办?

如果冒失地闯出去，说不准就变成箭下幽灵了。

正当它犹豫之际，阿诺飞起一脚，将中箭逃出的小木偶又踢向猴面小龙兰。

猴面小龙兰以为有新囚犯出逃，又射出一支箭。这支箭正巧射到木偶身上，木偶马上就变黑了。

趁着这个好机会，迪宝飞速前进。

小伙伴们凭借勇敢和智慧，逃脱了可怕的猴面小龙兰的追杀。

蜂王阿诺吃了一块仙灵芝，整个身体开始发烧，脊背里好像有种子在拱土发芽，痒痒极了。熬过一个痛苦的夜晚，第二天清晨，它发现自己和伙伴们吃了仙灵芝后，竟然能飘浮在半空中睡觉。

"瞧！大翅膀长出来了。"墨丝欣喜地叫道，"现在，你们无论是飞入云端，还是蹿上万米高崖，都不会有任何困难。出发吧！"

伙伴们惊喜地发现，有了这对翅膀，在乌云滚滚的天空，雷电击不到它们，狂风卷不走它们，飞怪无法袭击它们，只一眨眼的工夫，它们就冲到了九霄上。

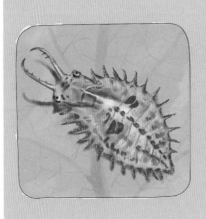

蝶角蛉的幼虫

蝶角蛉在世界上广泛分布，已知有300多种，其中分布在我国的有30余种。蝶角蛉的幼虫一般生活在树上或者树下，靠捕食别的小虫为生，还常常把猎物的残骸挂在身体的棘毛上。

阿诺从未飞得这样高，它在不远处发现了一片绿宝石色的浓荫，浓荫中，起了一层雾，闪烁出几道灿烂的光辉。

"这一定就是墨丝说的神仙岛的入口。"迪宝冲过去。

它旋转身体，一个俯冲，冲进这四周是峭壁、有一圈瀑布飞流直下的入口，不承想一冲进瀑布，翅膀就被打湿，变得像纸一样不堪一击，身体跌跌撞撞地朝下面的深渊坠去。

"没想到不怕死的家伙这么多，竟然妄想闯入神仙谷！"黑色深渊里的瘸腿龟精冷笑着，"又多一个伙伴。"

"不！"迪宝叫道，"无论道路多么坎坷，我都要到达神仙岛。"

瘸腿龟精吐出一个气泡，将迪宝包裹住，它才停止下坠。

"我从深渊下面爬到这里可不容易。"瘸腿龟精说，"你不知道它有多深，一直通到地底深处，有岩浆和怪兽。"

迪宝望着脚下遥远、缥缈、星光一般的小红点，忍不住打了一个激灵。

"可我怎么也上不了神仙岛，"瘸腿龟精一声叹息，"因为通向神仙岛的桥只有神仙才会走。它们每次走到上面，口里都要吐出4颗珊瑚球，珊瑚球钻到飘浮在半空的断成几节的玉带之间，玉带就会像伤口愈合一样，变成一座名副其实的仙桥，让它们通过。"

瘸腿龟精由背甲里弹出4颗红珊瑚球："这4颗珊瑚球，不是同时吐出的，神仙每次吐的时候给分了组。每组吐颜色不同的2个球，利用几种不同的组法，将玉带全都连接上了。快一百年了，我一直没破解出，到底要分成几组。"迪宝说："你不是见过神仙的连接吗？怎么还不知道分法？"

听到迪宝的话，瘸腿龟精十分不满："你不知道那神仙的速度有多快，像闪电一般，一眨眼的工夫桥就连接好了，我怎么可能看清分了几组！"

眼见着伙伴们接二连三地跌下来，迪宝将它们拉进大气泡。

伙伴们听了瘸腿龟精的话，都思考起来。

阿诺说："这4颗红珊瑚球上有神仙通用的文字，可是我们看不懂。现在将它们编号，分别为1、2、3、4。"

叶虫红贝克和木棉天牛麦朵都觉得这个主意很棒。

瘸腿龟精却撇撇嘴："编了号，你就能连接玉带了吗？"

"你听我分析，"阿诺说，"运用枚举法解应用题时，必须注意无重复、无遗漏，因此必须有次序、有规律地进行枚举。运用枚举法解题的关键是要正确分类，要注意以下两点：一是分类要全，不能遗漏；二是枚举要清，要将每一个符合条件的对象都列举出来。我们可以这样做：1和2一组，1和3一组，1和4一组，2和3一组，2和4一组，3和4一组。既不遗漏，也很清楚，每组颜色不同，一共可以分成6组。"

"如果列出算式，计算就更快了。"迪宝听了阿诺的话，心中也有了答案：4×3÷2=6（组）。

瘸腿龟精虽然半信半疑，但也用尽全力爬上深渊的入口。

　　它按照小伙伴们的方法，一次次抛球，每次都抛颜色不同的两颗，只见球飞到断裂的玉带上，不仅将玉带连接上了，还让它飘浮到半空，一直延伸到远处光辉灿烂的神仙岛。

　　"我猜，用不了多久这玉带仙桥就又会四分五裂，我们得赶快跑。"

　　它们跳上仙桥，不忘拉一把由于腿瘸走路慢腾腾的老龟精，一起过了玉带仙桥。

　　刚下仙桥，它们就被一堵奇怪的墙拦住了去路。

第 5 章

葡萄昼天蛾幼虫战士

（等差数列）

本书配套音频
数学单位课堂
数学学习方法
课后故事随身听

扫码领取

"这不是墙！"阿诺经过一番观察，惊恐地叫道。

很快，不仅小伙伴们，连年老眼花的瘸腿龟精也发现了，墙体实际上是由无数颗卵组成的。当有人通过玉带桥闯进神仙岛时，拼合在一起的玉带桥就会因为震动而产生热量，给卵提供孵化的能量。

而这些可怕的卵孵化的速度奇快，眨眼间卵壳变得越来越薄，而且里面还有幼虫在蠕动。

一旦它们孵化出来，将变成可怕的葡萄昼天蛾幼虫战士。它们牙如

大戟，体形巨大，口喷火焰，眼放电光，眨眼间就能将闯入者消灭。

　　"想要让它们停止孵化，我们必须去蛇仙洞，拿到千年老蛇口吐仙雾形成的冰片，然后在每个卵上放一枚冰片，冷气就会吸走全部的热量。"瘸腿龟精说，"实不相瞒，我原来是神仙岛的逍遥海里的老龟，由于偷吃了千年老蛇的冰片，才被赶出神仙岛。"

葡萄昼天蛾幼虫

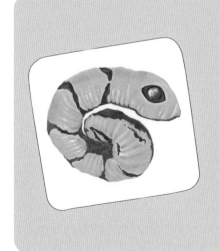

　　葡萄昼天蛾主要生活在俄罗斯远东地区、朝鲜半岛、中国东部和南部以及泰国北部。葡萄昼天蛾寄生在葡萄、猕猴桃等植物上，以叶子为食，是一种害虫。葡萄昼天蛾的幼虫一般长 7～8 厘米，大都是绿色的。最特别的地方是，在它们的体表有条纹和黄色颗粒，这颗粒是个圆形的凸起，一般位于尾部的上方。

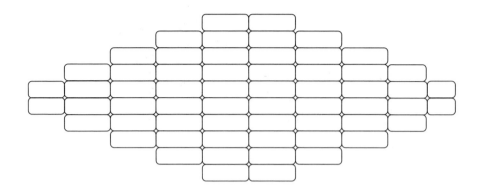

在这万分危急的关头，瘸腿龟精一定不会说谎。

再说，它们发现这玉带桥边就是千年老蛇的洞府。它终日口吐琼浆，使瀑布里的水永不枯竭。

"我们得先算出这些卵一共有多少颗，才能去取冰片。"迪宝说着思考起来。

阿诺站在卵墙旁开始从左向右数起来："2、4、6、8、10……"

迪宝扑上来："阿诺，你发现了吗？这其实是一个等差数列呢。"

"等差数列？"阿诺惊奇地叫道。

"就是说一个数列，从第二项起，每一项与前一项的差是一个固定的数，这个数列就可以叫作等差数列，这个固定的差就叫作公差。"迪宝解释道。

阿诺又有新发现："从卵墙的形状上看，它是一个轴对称图形，如果从图形中间垂直画一条轴，就把卵墙分为左右相等的两部分，只要算出其中一部分的数量，然后乘2，就是卵的总数量了。"

迪宝说："你说得不错，比如这里，从左往右数，每一排卵的数量

分别是2、4、6、8、10，共有5项，而4-2=6-4=8-6=10-8=2，这就是一个项数为5、公差为2的等差数列。"

阿诺有些不解："可是知道这些，对我们有什么用处呢？"

"当然有用，我们可以很轻松地算出一共有多少颗卵了！"迪宝说，"等差数列的求和是有公式的，和=（首项+末项）×项数÷2，也就是说左半边一共有（2+10）×5÷2=30（颗）卵，同样，右半边一共也有（2+10）×5÷2=30（颗）卵，这一堵卵墙一共有30+30=60（颗）卵。"

卵越来越膨胀，眼看着可怕的葡萄虿天蛾幼虫战士就要被孵化出来。

　　四个小伙伴在瘸腿龟精的带领下，勇敢地闯进千年老蛇的洞府，趁它口吐琼浆、无暇顾及闯入者之际，拔掉了冰片山上的60枚冰片，跑回到卵墙旁，在所有巨卵发生震动、正待破壳而出的刹那，将冰片插入了卵壳，阻止了可怕的葡萄昼天蛾幼虫战士的孵化。

第 6 章

石门上的奥秘

（解算式谜）

扫码领取
- 本书配套音频
- 数学单位课堂
- 数学学习方法
- 课后故事随身听

金龟子迪宝它们顺利到达神仙岛，却得到了一个令人沮丧万分的消息。

"巨灵神？你们是要找那个大个头、性子鲁莽爱闯祸、专爱打抱不平的家伙吧？"对它们说话的是一个摇着扇子的桃子精灵，它的模样要多古怪就有多古怪，脑袋大，身子小，还穿着一件长袍子。"它因为救了黑山君锁在山上的精怪，现在被黑山君压在了巨山下。"

趁迪宝和桃子精灵交谈的间隙，瘸腿龟精招呼也不打，偷偷溜到它的逍遥池里去了。

迪宝和伙伴们只好独自面对，赶到了黑山君掌管的大山下。

此山云雾缭绕，如刀劈一般陡立、嶙嶙峋峋的怪石上长满奇花异草，想要登到山顶简直不可能。通过寻找，迪宝惊喜地发现，在一片浓荫中，有一条云梯直通山顶，只是，通向此梯的云桥上有一扇铁门。

后面气喘吁吁跟来的桃子精灵摇晃着手中的钥匙："神仙们不爱理我也就算了，你们这几个地上跑来的小家伙，居然也不理我，真没礼貌！"

只见它手一松，钥匙掉到地上，钻进土里不见了。

紧接着，它也一头扎进土里，消失不见了。

"原来，它是神仙岛的土地公。"阿诺觉得这件事很严重，没有钥匙，它们要怎么上山呢？

最可怕的是，桃子精灵在消失前警告道："这门有蹊跷，即使没钥匙，也可以打开。你们看到门旁的炸弹和旁边云朵上的数字了吗？只要你们将那些数字正确地移到炸弹上，门自然就会打开。如果移错了，身体就会被门吸进去，所以这门叫囚门。"

迪宝发现门上有几个奇怪的图案：

$$+ \quad \substack{\text{✸} \; \text{✸}} $$

$$\overline{\qquad \mathbf{1 \; 4 \; 9}}$$

迪宝伸手碰了一下小炸弹，没想到这炸弹爆炸了，险些炸掉它的手。

"不能再乱动了。"蜂王阿诺说，"我看，这应该是一道数学算式谜。"

　　"算式谜？"叶虫红贝克点点头，它认为阿诺说得一点儿也不错，那几个炸弹代表的数字就是谜底。

　　可是，一想到它们也许解不开这个谜底，叶虫红贝克顿时十分沮丧。

　　"还没那么糟糕。"蜂王阿诺说，"一个完整的算式，缺少几个数字，就成了一道算式谜。解算式谜，就是要将算式中缺少的数字补齐，使它成为一道完整的算式。"

　　迪宝利用自己学到的知识分析起来："解算式谜的思考方法是推理加上尝试，首先，要仔细观察算式特征，经过推理将能确定的数先填上，不能确定的，要分几种情况，逐一尝试；其次，要认真分析已知数

字与所缺数字的关系，抓准解题的突破口。4个炸弹代表着4个数字，只要破解出这些数字都是什么，这门就能打开。"

蜂王阿诺苦思冥想，叶虫红贝克和木棉天牛麦朵也想得脑袋直痛。

迪宝认真地观察着，突然叫道："我们先看个位，个位上的数字最大就是9了，9+9=18，所以不可能出现个位上两个数字相加和是19的情况，也就是说个位上两个炸弹图案所暗藏的数字的和只能是9。 再看十位，由于个位相加的和是9，没有向十位进1，所以十位上两个数字相加的和就是14！"

迪宝列出了如下的算式：

$$
\begin{array}{r}
74 \\
+\ 75 \\
\hline
149
\end{array}
$$

阿诺发现门旁飘浮着云朵数字，果然有两个7，一个4，一个5，正是数字谜中的4个数字。它深深地记得桃子精灵的话，如果移错数字，不但进不去门，还会被吸进门板里。当阿诺不小心将"7"移到个位时，门里伸出一只黑色的大手，险些将它抓住，大家被吓出了一身冷汗。

迪宝冲上来，躲过那只黑色的大手，小心地将4个数字分别移到正确的炸弹上，炸弹连同那只黑色的大手化为云烟消失了，随即听到"砰"的一声，门弹开了。

　　远远地，它们听到山尖上传来一声惨叫，不禁吓得浑身发抖。

　　惨叫声不是别人发出的，正是大名鼎鼎的神仙巨灵神。它正在忍受可怕的酷刑。

　　伙伴们展翅落到白云梯上，朝山巅冲去。

第 7 章

巧取龙筋

（数线段）

本书配套音频
数学单位课堂
数学学习方法
课后故事随身听

扫码领取

来到山顶，隔着一层薄薄的雾，阿诺和迪宝看到了一个模样可怕的大家伙，正吹着口哨，在一个山洞口前走来走去。

山洞里不停地传出喊声："我巨灵神真倒霉，可下次再让我遇到不公平的事，我还会出手相助。"

"听到了吗？"迪宝兴奋地叫道，"它会出手相助。"

"可是，它被困在山洞里。"木棉天牛麦朵抬头，朝上看去。

山洞小而窄，好像是一道浑然天成的缝隙，一对大眼睛正透过缝隙朝外窥视，随着里面的呼吸，洞口吹出一些奇怪的种子和小昆虫。困在里面天长日久，巨灵神的眼角里生出小花，鼻子里长出绿草。整个身体上生满了苔藓，如果不仔细看，真会以为那两只眼睛是两口深井。

在巨灵神身体之上，是高不见顶的黑色大山，被这么挤压着，它

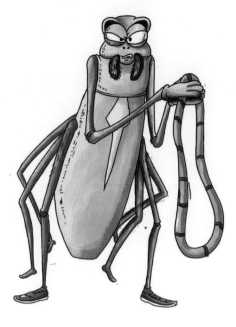

的喘息变得越来越困难，越来越急促。

"再这么压下去，它会没命的。"叶虫红贝克担忧地说，"可是，这个怪家伙拦在洞前，我们无法过去。"

伙伴们端详着，发现守门的怪物是一只妖面蛛。

妖面蛛一面搓一条麻绳，一面自言自语："这条捆仙绳里一共有4个端点，里面藏了几条白龙筋组成的线段。用不了多久，我就能完工啦，用它捆住巨灵神，就再也不用怕它逃走了。可是，黑山君该给我的金币，不知又要拖到什么时候去……只要把捆仙绳里的龙筋都抽出来，巨灵神就自由啦。"

妖面蛛

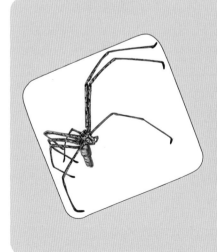

妖面蛛一般全身都是黑褐色的，在背上会有白色的花纹图案，下颚处有一个毒囊，里面储藏着大量的毒素，一旦捕捉到猎物，它便马上把毒素注入猎物体内，在麻痹猎物的同时，还会注入一种消化液，猎物融化后，妖面蛛就会把它吸食掉。

妖面蛛之所以这么做，是因为想以此来威胁黑山君付金币，却被四个小勇士听到了。

妖面蛛捆扎好巨灵神，去仙湖里想再捉一条白龙来。趁它不在，小勇士们冲到巨灵神身边。

阿诺说明来意，并摸清了绳子的线段，画了一幅图。

"别着急，别害怕，我们一起想办法。"迪宝说，"在数学中，用直尺画线，把两点连接起来就得到一条线段，这两个点叫作线段的端点。数线段是图形计数中最简单、最基本的问题。为了准确地数出线段的条数，我们必须有次序、有条理地计数，做到既不重复也不遗漏。数线段的方法主要有两种，一种是按照线段的端点有序地数；另一种是按照包含基本线段的条数来分类，数出线段总条数。"

阿诺受到启发："我用的是把线段左端点作为标记点，分别数线段的方法。以A为左端点的线段有AB、AC、AD 3条，以B为左端点的线段有BC、BD 2条，以C为左端点的线段只有CD 1条，所以一共有线段3+2+1=6（条）。"

巨灵神并不相信地上来的几个小家伙能够让自己重获自由，着急地

大吼道："我闻到黑山君的气味了，趁现在还来得及，你们快逃。"

"不，"迪宝叫道，"仙子岩的生灵还等待你去拯救呢！"

巨灵神终于安静下来，不再发出厉风一般的怪吼："真的没有算错吗？如果不马上解救我，黑山君上来，你们也要被捉住。""我的方法和你的不一样，"迪宝对阿诺说，"我把AB、BC、CD看成基本线条，由一条基本线条组成的线段就有3条——AB、BC和CD；由两条基本线段构成的线段有2条——AC和BD；由三条基本线段构成的线段有1条——AD，所以一共有线段3+2+1=6（条）。"

一听两种解法的答案都一样，巨灵神有了底气。

"那么，伙伴们，赶快行动吧！"

叶虫红贝克与木棉天牛麦朵早已跃跃欲试，此时，它们又是抠，又

是拉，真的扯出了6条龙筋，就在黑山君跳到山顶的刹那，巨灵神一声大吼，推开压在自己身上的大山，蹦了起来。

如果不是使用诡计，黑山君怎么可能捉住力大无穷的巨灵神？看到巨灵神重获自由，它吓得可不轻，连蹦带跳地奔下白云梯，消失不见了。

第 8 章

夜明珠失踪

（图形填数游戏）

扫码领取
- 本书配套音频
- 数学单位课堂
- 数学学习方法
- 课后故事随身听

巨灵神重获自由后，金龟子迪宝求它赶快行动。

这只巨大的金蟾却犹犹豫豫："我的眼睛在没有亮光的地方可看不见。"

它苦恼得直揪头皮："仙子岩倾覆，是邪恶魔法搞的鬼，这邪恶魔法让倾覆的仙子岩下面漆黑一片，我到里面跌跌撞撞地走来走去，将它翻转过来的同时，不知要踩死多少无辜生灵。"

一想到生命垂危的老父王，迪宝的眼泪忍不住流淌下来："救救我们。"

巨灵神一手捏着下巴："当然有办法……可是我试了不知有多少次了。"

一听到这里，迪宝来了精神，飞到巨灵神的肩膀上："我们来帮助你。"

巨灵神将小伙伴们领到了一片草丛里，扒开草丛与藤蔓植物，眼前

出现了一个奇怪的生锈的
小窗。

　　小窗一共有两扇，四周
还有字母。

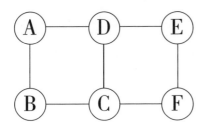

　　"这窗上的A、B、C、D、E、F，代表六
扇小门。"巨灵神从口袋里掏出一个胡乱踢腿
的蘑菇小人，"土地仙曾经告诉我，想要开启这
两扇小窗，取出两颗夜明珠，必须请蘑菇小人来帮
忙。"

　　"你弄疼我啦！"一个蘑菇小人吱
吱地叫着，咬了巨灵神一口。

　　"坏家伙！"巨灵神吼叫着，却不松手，
"捉到它可不容易，要是跑了，不知何年何
月我才能得到这两颗夜明珠。"

　　"可是你笨头笨脑
的，折腾得我们的伞盖
都老了，还没把谜题破
解出来。"咬它的蘑菇
小人抱怨着。

　　听巨灵神说了半

天，迪宝终于明白了："也就是说，6个字母代表1到6的6个数字，把这些数字填到刻有字母的小门上，使这两扇小窗，每一扇小窗数字的总和都是13。"

"对对对。"

听迪宝说得这样清楚，巨灵神高兴得都要跳到云朵上去了。

可紧接着，它的脸上就布满了忧愁："虽然你理解得很快，可解题就是另一码事了……"

"我看不难。"经过一番研究，迪宝说，"A、B、C、D四扇小门，总和是13，C、D、E、F四扇小门，总和同样也是13。我说得对吗？"

"可是这样，难题并没有解决！"巨灵神一边捡拾趁机逃脱的蘑菇小人，一边怒气冲冲地叫道。

迪宝趴在小窗上，往里面望去："其实这可以转化成一个数学问题，大家都喜爱做游戏。填数游戏不但非常有趣，而且能促使我们积极地思考问题、分析问题。虽然有一定的难度，不过，只要掌握正确的填写方法，填起来就轻松了。"

"还要注意这些，"阿诺说，"填数时，要仔细观察图形，确定图形中关键的位置

应填数字几，一般是图形的顶点及中间位置。另外，要将所填的空与所提供的数字联系起来，一般要先计算所填数的总和，与所提供数字的和之差，从而确定关键位置应填几。关键位置的数确定好了，其他问题就迎刃而解了。"

巨灵神还是不相信。

迪宝耐心地说："按照规定，每半边窗4个数的总和都是13，也就是说$A+B+C+D=13$，$C+D+E+F=13$，然后A、B、C、D、E、F是1到6的6个数字，$1+2+3+4+5+6=21$，这6个数的和是21，而$A+B+C+D+C+D+E+F=13+13=26$，比6个数的总和大5，这是因为中间C、D两个数都被算了两次，所以多出来的5就是中间C+D的和。$A+B+C+D=13$，$C+D=5$，那么$A+B=13-5=8$。"

雌性大场雌光萤

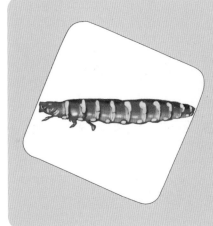

雌性大场雌光萤一般是浅黄色的，身体长约2厘米，靠吃一种名叫马陆的昆虫为生。雌性大场雌光萤在求偶的时候，尾部会翘起，并发出黄色的光亮。等到产卵过后，它又变了样，全身会发出环状的光芒，好像在告诉大家：我已经当妈妈啦。

"同样，"阿诺也跟着分析，"$C+D+E+F=13$，$C+D=5$，$E+F=13-5=8$，在1到6的6个数中，两个数相加和是8的就只有$3+5=8$和$2+6=8$。A门应该是3，B门应该是5。"

"让我试试看。"巨灵神边咬着舌头，边费力地掏出一个东蹿西蹿的蘑菇小人，投进小门里，"A门3人，B门5人，C门4人，D门1人，E门2人，F门6人。没错，里面传来了该工作的风车铃铛声……懒家伙们，别偷懒了！赶快将这6扇小门下面的暗锁全部打开，让我们能够将两扇宝石窗开启。"

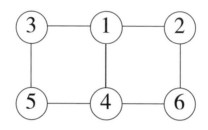

当伙伴们一脸憧憬地打开窗子，想欣赏两颗夜明珠时，竟然发现里面除了一只怪物，什么都没有。

巨灵神却说："糟了，这不是怪物，是我的管家大场雌光萤小姐。"

在巨灵神的追问下，大场雌光萤小姐抽抽搭搭地说："我原想帮你来拿夜明珠的，可是怪我听信了伪蝎查波的谎言，它骗我说，它挖的地洞可以直通到这里。只要我吞吃了夜明珠，它就驾驶遁地车将我偷运出去。可是……"

大场雌光萤小姐呜呜地哭起来："等我吃了夜明珠后，它不仅不带我逃走，还不停地喂我喝一种魔力药水。它想让这两颗夜明珠在我的肚

伪蝎

伪蝎广泛分布于世界各地，已有记录的大约有3500种。这种昆虫长得很像蝎子，但又不是蝎子，所以被叫作伪蝎。它们喜欢生活在落叶、土壤、树皮和石块下。捕食的时候，伪蝎会先用毒液杀死猎物，然后撕开猎物的外皮，将头前端的上唇伸入动物体内，接着分泌出消化液，将猎物溶化后再吸食。

子里变成金豆、钻石和翡翠，然后带出神仙岛，去下界的森林里，做一个快快乐乐的大富翁。"

伙伴们都瞧见了，大场雌光萤小姐肚子上不断泛出荧光，一会儿发紫，一会儿发蓝，一会儿又发绿，而且越来越明亮。

大场雌光萤小姐肚子里的两颗夜明珠，马上就会变成金豆、钻石和翡翠。

正在此时，头顶响起了砸窗声，伙伴们都以为伪蝎查波回来了，吓得魂飞魄散。

窗外伸进一个威武的大脑袋，原来是大场雌光萤小姐的老公彩虹长臂天牛蓝夕："亲爱的，我已经找到解救你的办法了。你看我手中这张牛皮纸……"

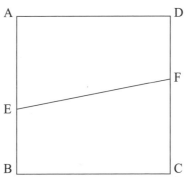

大场雌光萤小姐摇摇头："我永远也出不去，不要再给我建房子了。"

彩虹长臂天牛

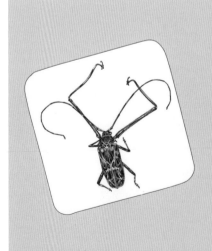

彩虹长臂天牛主要分布在南美洲，是天牛中腿最长的种类，它的前肢一般比整个身体还要长，最长的可以超过身体的2倍多，身上有黑色与淡红色交织的美丽花纹。彩虹长臂天牛的长臂用处多多，不仅可以吸引异性，还可以帮助它们在树枝间穿梭。虽然身体上的颜色比较显眼，但它们总能在热带森林里找到自己的藏身之处。

"不。"蓝夕摇头，神秘地眨眨眼，"这是你肚子上的示意图。"

大场雌光萤小姐吓得一头昏倒在地，等它清醒过来，声音微弱地说："这一天终于来到了，你要给我开膛破肚！"

令大家没想到的是，蓝夕竟然点点头："可是，你听我说，我的手术刀可是祖传的，用它剖开肚子，刀过之处，伤口马上就会愈合，跟没开刀一样。"

大场雌光萤小姐惊奇地瞪大眼睛。

"世界上真有这么奇怪的刀？"迪宝也十分好奇。

"但要一刀成功，图中每一个字母的点，都要切割。"蓝夕的表情严肃下来，"第一刀失败了，再割第二刀，接受手术者就会痛死。"

大场雌光萤小姐又晕了过去。

迪宝望着晶莹透亮、吹发可断的小手术刀，思考起来。

它叫道："想要解开这道难题，我们得了解数学中的一笔画。'一笔画'是指不离开纸，而且每条线都只画一次，不准重复而画成的图

形。'一笔画'是一种有趣的数学游戏，那什么样的图形可以一笔画成呢？试一试，画一画，发挥大家的想象力，就能发现一笔画的规律。"

阿诺提醒迪宝："在这之前，我们还得知道奇点和偶点，从一点出发的线的数目是单数条的叫单数点，也就是奇点。从一点出发的线的数目是双数条的叫双数点，也就是偶点。连通的图形可以一笔画成，不连通的图形不能一笔画成。"

迪宝点点头："想要画成一笔画，我们还得注意三点：

"1.只有偶点的连通图，画时可以以任一偶点为起点，最后以这个点

为终点画完图。

　　"2.只有2个奇点的连通图，画时必须以一个奇点为起点，另一个奇点为终点。

　　"3.其余的情况都不能一笔画成。"

　　正当大场雌光萤小姐和蓝夕被阿诺和迪宝的话弄得晕头转向，不知该听谁的之际，阿诺惊叫起来："我知道了！你的手术刀，可以从E开始下刀，E→B→C→F→E→A→D→F，这样做这个图形就一笔画成了，刀也就没有割重复的线路。"

　　蓝夕比画来比画去，手哆嗦着无法下刀，它非常害怕失败。因为这把祖传的手术刀，它一次也没用过。

　　"别害怕。"迪宝安慰蓝夕，"如果觉得这样割下去不顺手，可以换另一种方法。你可以反过来，从E点下刀，E→A→D→F→E→B→C→F，这样做也没有重复线段。"

　　蓝夕感激得直哽咽，因为用这个方法非常顺手，蓝夕很快成功地取出了没有完全变成金豆、钻石和翡翠的夜明珠，大场雌光萤得救了。

　　虽然两颗夜明珠此时已经变得五颜六色，色泽也不再那么明亮，可巨灵将它们镶嵌进眼眶里后，两只眼睛变得更明亮，能够分辨黑夜里的景物了。

　　它决定马上行动，去拯救仙子岩的生灵。

坏事就坏在巨灵神的眼睛上。

它自以为得到夜明珠的帮助，眼睛看到的一切都是真实的。当来到仙子岩，钻到倾覆的岩壁下面查看情况后，发现里面好像没什么危险，就开始研究将它翻转过来的方法。

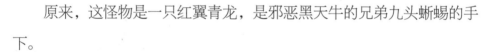

却没想到，当它的双手摸到一堆黏乎乎的东西时，身体便开始不断地缩小。

一只脊背上长着一对翅膀的大怪兽从黑暗中跑出来："我等待你们多时了。"

原来，这怪物是一只红翼青龙，是邪恶黑天牛的兄弟九头蜥蜴的手下。

自从听说迪宝不仅没被压在仙子岩下面，还跑到了神仙岛去请巨灵

红翼青龙

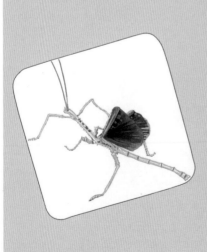

红翼青龙主要分布在马达加斯加，以树莓、芭乐叶等为食，寿命为6个月左右。雌性红翼青龙是褐色的，看上去非常普通，而雄性是竹青色的，看上去就像是一段竹子。红翼青龙的外形最奇特的地方就是，它们长着一对红色的翅膀，平时不会轻易露出，只有在受到惊吓的时候才会张开翅膀。据说，这样可以吓唬敌人。

神，九头蜥蜴就寝食难安。它用邪恶魔法炮制了一些毒蛙卵，只要碰触到它们，身子就会不停地缩小，直到变成一粒尘埃随风飘散。

红翼青龙负责看守这些毒蛙卵，看到巨灵神小得可以被它装进笼子，立即将它和四只昆虫塞了进去。

红翼青龙想拿可怜虫们寻开心，就拿出3张纸牌，分别发给蜂王阿诺、金龟子迪宝和木棉天牛麦朵，还顺便往叶虫红贝克的身子上抹了一点毒蛙卵，它立即像跑气的气球一样，越缩越小，最后乘风而起，落在了巨灵神的头发丝里。

叶虫红贝克紧紧地抓住这根头发，生怕自己被一阵微风带走，消失得无影无踪。

"这3张纸牌，其中2张写着'生'，1张写着'死'。"红翼青龙命令道，"现在，你们把身子背过去，我各分给你们一张，可不要互相偷看。"说完它就塞了一张"生"给阿诺，又塞了一张"死"给迪宝，

然后将剩下的一张给了木棉天牛麦朵。

"回答我，你们知道对方手里拿着的是什么牌吗？"红翼青龙龇牙咧嘴，阴险地笑着，"纸牌可是被施了邪恶魔法，如果回答错，你们就会将自己送到饥肠辘辘的百脚虫口里，让它享用大餐。"

随着一片蓝雾腾起，笼子旁出现了一只巨大的百脚虫，它口里流着涎水，贪婪地盯着伙伴们。

见木棉天牛麦朵和阿诺脸色发白，浑身发抖，张开口，一副欲言又止，想独自冒险的劲头，迪宝连忙吼道："我知道！"

红翼青龙吓得可不轻。

它不相信这个模样漂亮、个头很小的家伙，能破解这道自己也要思考半天的难题。"别忘了，百脚虫一年都没有进食了。"

迪宝无所畏惧地摇摇头："3张纸牌，两张写着'生'，一张写着'死'，看似神秘极了，其实很好解题。要得出正确的结论，就要进行分析、推理。学会了推理，人就变得更聪明，头脑更灵活。数学上有许多重大的发现和疑难问题的解决都离不开推理。解答这类推理题时，我们要仔细观察，认真分析其中的关系，寻找解题的突破口，然后利用等量代换、消去等方法来进行解答。"

"赶快说。"红翼青龙叫道。

"我正巧拿到了'死'，所以，阿诺和木棉天牛麦朵，一定拿到了'生'。"迪宝说。

它们一起将牌亮到红翼青龙眼前，迪宝说得一丁点儿也不错，这难题被破解，不仅把让它们变小到快要消失的邪恶魔法解除了，而且百脚虫也消失不见了。

巨灵神的身体开始疯长，冲破笼子闯了出来。

红翼青龙还没有它的拳头大，连忙知趣地逃开了。

与此同时，巨灵神突然感到头皮刺痒难忍，用手一抓，把叶虫红贝克抓了出来。正当伙伴们点亮火把，准备帮助巨灵神照亮黑暗的仙子岩时，一个纸一样薄的幽灵飘了过来。

它们仔细看去，这家伙并不是幽灵，而是老金龟子庞斯的仆人墨丝。

墨丝带来十分可怕的消息，自从仙子岩倾覆后，所有的植物都不结果子，也就没有了种子，从废墟里爬出的金龟子，大多数都逃亡去了。被困住的老主人，现在情况越来越糟。

"我一个星期没吃过东西了。"墨丝倒在阿诺脚下。

伙伴们连忙给墨丝喝巨灵神带在身上的神仙饮料。

巨灵神使出浑身力气，想将倾覆的仙子岩掀回来。

"嘿！呀！"

"嗷！啊！"

它吃惊地发现，自己每用一次力气，黑暗中就有一阵排山倒海的恐怖怪叫声响起。

它趴下来，朝缝隙里看去："这是仙子岩的高山，倾覆过去后，也就成了空间最窄小的地方。这里一定有很多金龟子没被救出来。"

它说得一点儿也不错，通过观察，迪宝带回一个令人担忧的消息："王宫、育婴堡、墨橙游乐场，全被卡在缝隙里，门也被堵死了，一个都没有逃出来。它们现在很虚弱，有些已经饿得奄奄一息。"

迪宝一屁股坐到地上："我的小弟弟在育婴堡里，恐怕已经饿死了。我呼唤很久，都没有回应。"

在仙子岩的金龟子王国，所有新出生的小宝宝，都会被送到育婴堡里，由专门的金龟子育婴师照顾。在那儿，它们不仅长得快，还能学到许多有用的魔法。而王宫里，迪宝的亲人一个都没有跑出来，它的母后只剩下最后一口气，父王腿上的伤口，已经流了几天的脓水了。

桑天牛

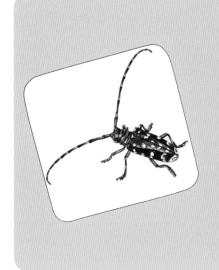

桑天牛在世界各地广泛分布，是危害性比较大的林业害虫。它们一般是黑色的，并且带有光泽，每个覆翅上会有20个白斑，看上去像是一颗颗的小星星。桑天牛的幼虫会蛀蚀树干，导致树木枯死，防治这种虫害的最好办法是招引它的天敌——啄木鸟。在500亩林地中，只要有一对啄木鸟，就可以有效地抑制天牛灾害的发生。

注：1亩约等于666.67平方米。

墨橙游乐场里，被困的可全是迪宝最要好的伙伴，它左思右想，一个都舍弃不下，不知先从哪一个救起。

　　"这样等下去，恐怕一个也救不活。"蜂王阿诺几次下去探查情况，它决定利用自己的智慧绘一幅图，还对木棉天牛麦朵和叶虫红贝克交代，"将食物投到能投进去的窗口里，让它们耐心等待。"

　　大家说行动就行动，一场大救援马上开始了。

　　就在巨灵神勘探地形的时候，阿诺已经凭借自己的智慧，绘出一幅图。

　　阿诺将图拿给巨灵神："看这幅图前，我们首先得理解并掌握在地图上辨认四个方向的知识，并能用这些词语描述物体所在的方向位置。要学会以下几点。

　　"1.相对的方向：南←→北，西←→东；西北←→东南，东北←→西南。

　　"2.地图上的方向：上北下南，左西右东。实际方向：面北背南，左西右东。

　　"3.指南针可以帮助我们辨别方向。"

"还有这些，"迪宝说，"看简单路线图的方法是：先确定好自己所处的位置，以自己所处的位置为中心，再根据上北下南、左西右东的定向法来确定目的地和周围事物所处的方向，最后根据目的地的方向和路程确定所要行走的路线。"

阿诺接着说："描述行走路线的方法是，先以出发点为基准，再看哪一条路通向目的地，最后把行走路线描述出来（先向哪儿走，再向哪儿走），有时还要说明路程有多远。绘制简单示意图的方法是：先确定好观察点，把选好的观察点画在平面图中心位置，再确定好各物体相对于观察点的方向。在纸上按'上北下南，左西右东'绘制，用箭头'↑'标出北方。"（描述时要注意是选取哪个物体做参照物的，选取的参照物不同，描述的结果也不一样。）

"图上的出发点，就是我们现在所处的位置；箭头所指的方向，是我们的行走方向。通过这幅图，我们能最快速地救出所有的金龟子，顺利地走出去。"阿诺说。

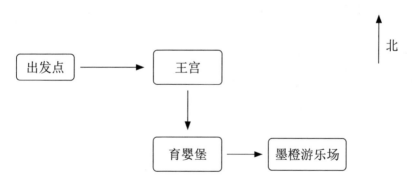

巨灵神将巨大的手掌探进缝隙里，阿诺带领迪宝马上行动，它们手持火把钻进黑暗中，指引巨灵神用手指打开一扇扇大门，救出了所有的金龟子。

糟糕的是，许多金龟子太虚弱了，别说飞，连爬都爬不动。

"放弃我吧。"迪宝的老父王庞斯泪流满面。

"不！"迪宝扑到父王身上痛哭，"没有你，就再没有人爱金龟子王国的所有金龟子了。"

它和阿诺将老国王庞斯抱到巨灵神的手指上，老国王很快就得救了。

由于金龟子太多，巨灵神个头又大，显得笨手笨脚，在黑暗中伤到了许多人。这时，一个细小的声音传来："让我帮忙，不过，你们得确定所有的金龟子宝宝都从育婴堡逃出去了。"

迪宝应声后，发现一只威武雄壮的桑天牛从快要倒塌的育婴堡里钻出。

它刚一钻出，育婴堡就塌陷了："我路过此地，听到哀嚎，就前来相助——有一个星期了。"

这好心的小勇士，饿着肚子，不停地让金龟子宝宝爬到自己身上，一趟一趟飞进飞出，在众多有爱心的昆虫的帮助下，所有的金龟子都成功被救。

巨灵神力大无穷，只听它"嘿——呀——"用力，两只肩膀上绷出结实的肌肉块，仙子岩被成功地翻转过来，接受阳光雨露的滋养，萎靡的植物又焕发生机。可是，一片废墟的国土，还需要用心来重建。

第12章

蚂蚁大力士消灭铠甲蚜虫

（平均数）

- 本书配套音频
- 数学单位课堂
- 数学学习方法
- 课后故事随身听

扫码领取

经过精心的救治，金龟子国王庞斯的腿伤治愈了，所有的金龟子宝宝也都恢复健康，茁壮成长。

迪宝正要和阿诺与其他的伙伴们投入重建王国的工作当中，墨丝带来一个可怕的消息。

这位忠心耿耿的老仆人每天都在巡视国土，它发现有一批身披铠甲的蚜虫，正朝仙子岩赶来。

迪宝和阿诺赶到仙子岩的最高处，发现黑压压的蚜虫大军，都吓坏了。

"一看就知道，它们被施了邪恶魔法，"迪宝惊慌地叫道，"而且是从时光森林里赶来的。这些家伙由于长期饮用能量之溪里的水，已经变得疯狂无比，用不了多久，就会将仙子岩啃成一片焦土。"

阿诺发现，蚜虫大军已经爬上仙子岩，正在啃食一片处于灌浆期的精灵稻，这可是金龟子王国的居民们最主要的食物。

迪宝飞过去，由于蚜虫嘴中能吐毒液，吐到哪里，哪里就被腐蚀掉，迪宝躲闪不及，失去了一小段触角。

　　"你们可不是它们的对手。"墨丝叫道，"快去请蚂蚁大军来。"

　　蚂蚁大军？

　　阿诺让墨丝赶快说清楚。

　　"蚂蚁是蚜虫的天敌，"墨丝叫道，"不管它们是披着铠甲，还是口吐毒液，都敌不过力大无比的蚂蚁大力士，蚂蚁会把它们统统吃光。"

　　阿诺连忙去请蚂蚁大军。

　　蚂蚁首领威森有一副热心肠，立即带领240只蚂蚁大力士出发了。

　　等赶到仙子岩时，精灵稻快被啃光了。

　　这群可恶的蚜虫，不仅吃精灵稻，还啃树木与房屋，所到之处，都变成了一片废墟。

"这样下去可不行，"威森一扬胳膊，对自己的蚂蚁士兵喊道，"你们平均分成4组，赶快行动。"

蚂蚁大力士顿时乱成一团。

它们跑前跑后，跑上跑下，怎么也无法平均分组。

"不能这样，如果你们不能平均分组，就会导致力量有所差异，蚁数不等，弱的一组就会受到蚜虫的攻击。"威森急得踱来踱去，"必须使每组的蚁数相等，让它们无懈可击。"

这时，受伤的迪宝跌跌撞撞地飞过来："威森，您别着急，我知道这道难题跟数学中的求平均数有关。在日常生活中，我们会遇到下面的问题，有几个杯子，里面的水有多有少，为了使杯中水一样多，就将水多的杯子里的水倒进水少的杯子里，反复几次，直到几个杯子里的水一样多。这就是我们所讲的'移多补少'，通常称为平均数问题。解答平均数应用题的关键是求出总数量和总份数，然后根据'总数量÷总份数

=平均数'这个数量关系式来解答。"

它接着说："240是24个10，24个10除以4等于6个10，240÷4=60！"

"或者你可以倒过来用乘法想想，60×4=240，所以240÷4=60。"见蚂蚁首领不行动，迪宝着急地叫道。

"别急，我在观察地形。"威森掏出宝石望远镜，朝蚜虫部队望去，"现在我们知道了每组有60只蚂蚁，每只蚂蚁负责消灭100只蚜虫，而这前方，正好有……"

"正好有60×100=6000（只）蚜虫。"迪宝叫道。

迪宝急得满头大汗，眼看着蚜虫大军就要将王宫废墟啃得一干二净。

"冲！"

蚂蚁首领终于发了话。

只见蚂蚁大军像旋风一般刮了过去。

由于每只蚂蚁大力士分工明确，一眨眼的工夫，所有的铠甲蚜虫就亡的亡、逃的逃，消失在仙子岩。

正当金龟子王国举国欢庆之时，一颗巨大的炮弹飞了过来，插入泥土中，竟然没有爆炸，原来是一只空桶。所有人都被罩在空桶中。

第 13 章

炮弹摩天大厦

（除数是一位数的除法）

大炮弹一个接一个地飞过来，相互衔接，很快便搭起一栋炮弹摩天大厦。

"这巨大的炮弹，是专门为你们准备的。"大厦底层的门显现出一块电子屏，屏幕闪烁几下，九头蜥蜴的面孔跳出来，"用不了多久，仙子岩就是我的地盘了。"

"它说得一点儿也不假，"迪宝惊叫道，"这一个个炮弹里面还藏有神秘生物。听！里面有振翅声，有磨牙声。"

除了迪宝描述的声音，伙伴们听到了更多的可怕声响由神秘炮弹里传出。有些炮弹还发着光，有些炮弹里放射出有毒

气体。

令它们没想到的一幕发生了。

大厦的顶上，突然射出了一道水柱。

只听外面传来九头蜥蜴的吼叫：

"在接下来的42分钟里，每2分钟就会有一柱水冲下去，如果不破解到底有几柱水灌进大厦里，机关会一直运行下去，直到你们全被淹死。"

"看！"迪宝发现，这大厦的天花板上出现了一块电子屏，"只要往这里输入正确的答案，机关就会自动停止。"

这段时间里，已经有几柱水冲下来。

叶虫红贝克如果不直立起身子，就要被淹死了。

迪宝和阿诺也被淹得直呛水。

接下来，它们发现了更可怕的事，在这大厦里，它们根本飞不起来，就算知道答案，也无法输入到天花板的屏幕里。

就在伙伴们万分绝望之际，阿诺却有了好主意："振作起来，虽然飞不起来，但我们可以叠在一起，直到摸着天花板。"

"我早该想到！"阿诺的智勇令迪宝信心倍增，"这道题并不难！它是数学当中的除数是一位数的除法。学会这个知识，我们能体会学习除法估算的必要性，掌握除数是一位数除法估算的一般方法；使我们学会将被除数分解为整十、整百、整千的数。能在具体的情境中进行除法估算，会表达估算的思路，形成估算习惯；还能引导我们根据具体情境，合理进行估算，培养良好的思维习惯和应用数学的能力。"

阿诺灌了一口水，好不容易缓过一口气后，叫道："按照你说的，用除法，42÷2，就可以算出一共会有几柱水从出水口里冲下来。42可以分成40和2，把40平均分成两份，每份就是20，把2平均分成两份，每份就是1，所以把42平均分成两份的话，每份就是20+1=21。"

伙伴们一个摞着一个，攀到天花板上，却意外地发现，光知道答案可不行，还要列出除法竖式。

最底下的木棉天牛麦朵，脖子以下都泡在水里，它摇摇晃晃的，不停地调换姿势，嘴里

往外吐水柱，这时候它一个趔趄呛了一口水，脚步都站不稳了，上面的叶虫红贝克像风中树叶一般摇摆不停；顶端的阿诺和迪宝，就像处在狂风暴雨中，随时有掉下去的危险。

迪宝咬牙坚持住："这难不倒我！父王、弟弟，所有的朋友，坚持住！"

只见它在屏幕里列出这样的算式：

$$
\begin{array}{r}
20 \\
2\overline{)42} \\
-40 \\
\hline
0
\end{array}
\qquad
\begin{array}{r}
21 \\
2\overline{)42} \\
-40 \\
\hline
2 \\
-2 \\
\hline
0
\end{array}
\qquad
\begin{array}{r}
21 \\
2\overline{)42} \\
4 \\
\hline
2 \\
2 \\
\hline
0
\end{array}
$$

"我们先算十位，4被2除，商是2，2要写在十位上，表示把4个10平均分成两份，每份是两个10。然后再算个位，42-40=2，个位是2，2被2除，商是1，这个1要写在个位上，表示把2个1平均分成两份，每份是一个1。"

"所以，42分钟内，有21柱水冲下来。"

　　将正确算式输入屏幕里后，出水口停止了出水。可是，突然有一个奇怪的机器钻开它们脚下坚硬的岩石，露出一个大洞，让它们跌进黑洞里。

在黑暗的地穴里。

"好热！"阿诺不知踏在了什么东西上，只听到脚掌传来哧哧的声响，皮已经被烫掉了。

"我的衣服烧着了。"迪宝不仅脚被烫坏，而且衣服也烧着了。

只见黑暗中燃起一片火焰，叶虫红贝克和木棉天牛麦朵的身上也跟着起了火，它们被烧得吱吱乱叫，四处乱钻，哪里都烫得要命，没有逃生的出口。

"这里是凉的。"情急之中，木棉天牛麦朵钻到了一口大锅里。

迪宝和阿诺、红贝克实在没有办法，也纷纷钻进大锅，只听见"嚓"的一声响，一个巨大的锅盖盖在了大锅上。

"我这方法太好啦，你们自己跳入了陷阱。"

透过这口透明的水晶大锅，伙伴们发现了一只大蟑螂怪的身影。

这只蟑螂怪巨大无比，像一座方塔，正提着一桶乳白色的肉汤，从旁边亮着灯光的门外走进来："这是我刚挖好的地灶，正准备给我的主人煮昆虫汤喝。我一到仙子岩就盯上你们几个了，又壮实又多肉，吃起来一定很美味。"

蟑螂怪打开锅盖，不等阿诺和伙伴们逃出，就将所有的肉汤倒进去，并飞快地搅了搅，搅得它们头晕眼花，不停地在肉汤里面打旋。

"等你们吸饱了肉汤，这锅也要开了。"蟑螂怪心满意足地盖上了盖子。

阿诺凭借坚强的毅力，爬到烫手的锅壁上，想打开盖子。

透明的盖子外面，蟑螂怪正忙着制作金龟子点心："今天的午餐很丰富，主人一定会非常高兴。这大蜂王还跳舞给我解闷儿。"

然而，里面的昆虫都十分痛苦，时刻在汤里煎熬。

蟑螂怪吹着小曲，想过来搅搅肉汤，突然发现盖子打不开了。

这时候，伙伴们才发现，这锅盖上有图形和数字。

		9
12		
		11

迪宝擦掉额头的汗珠，马上看到了希望："这锅盖上的数字是一种数学游戏，叫作三阶幻方。"

"幻方？"叶虫红贝克漂浮在水面，让木棉天牛麦朵等小伙伴坐在它身上。

"幻方实际上是一种填数游戏，它不仅有三阶、四阶，还有更多阶。只要在每行每列的方格里，既不重复也不遗漏地填上连续的自然数，并使排在每一行、每一列以及每条对角线上的自然数的和相等，我们把这个相等的和叫作幻和，每个数字叫阶。"

"三阶幻方由三行三列的正方形方格组成。三阶幻方具有一些基本规律：幻和=九个数之和÷3，最中间格的数=幻和÷3。九个连续的自然数中，第五个数是中间数，第二、四、六、八个数是四个角上的数。"

它接着说："我刚才看到锅盖上隐约还有个数字是24，我想它提示我，在每个方格中写一个数字，使每行、每列和每条对角线上的三个格子里的数字的幻和都等于24。"

蜂王阿诺很快有了答案："看最右边那一列，已经有两格写上了数字，一个是9，一个是11。每列3个数加起来的和是24，所以这一列中间那格应该填24-9-11=4。"

锅越来越热，它们连喘息的力气也没有了，只感到肚子越来越胀，脑袋格外昏沉。

迪宝却不想放弃："阿诺，中间这行也有两个已知的数字12和4了，中间那一格应该是24-12-4=8。"

"下面，该图形有两条对角线，其中一条对角线有两个已知的数字8和9了，所以剩下的那个数字就应该是24-8-9=7。"阿诺一口气上不来，晕倒了。

迪宝慌张地抱着阿诺说："还有一条对角线上有两个已知的数字8和11了，所以剩下的空格应该填24-8-11=5。"

"现在，在第一行中已经知道有两个数字是5和9，那么中间空格数字是24-5-9=10，最后，第三行剩下的一格是24-7-11=6。"叶虫红贝克说完，就失去知觉。

眼看着叶虫红贝克在往下沉，所有的昆虫都将丧命。

迪宝通过哈气，在透明的锅顶输入正确的答案。

5	10	9
12	8	4
7	6	11

盖子被蟑螂怪打开了。

迪宝趁蒸汽突然喷发，蟑螂怪什么也看不清的时机，与木棉天牛麦朵拖起两个不幸的伙伴，成功逃脱出去，飞进了旁边的炮弹大厦里。

　　刚一走进炮弹大厦的走廊里，一个巨大的怪物就拦住了伙伴们的去路。

　　仔细一看，迪宝叫道："这是超级纽虫。"

　　它见过最大个头的纽虫有55米长，被邪恶黑天牛养在时光森林里。

　　"难道说，那大纽虫被放出来了？"看清这纽虫的花纹，迪宝的心脏一紧，"没错，正是它。"

纽虫

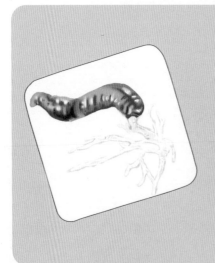

　　纽虫主要生活在海底，目前世界上已知的纽虫已经有1200多种。纽虫最大的特点是体内纵长的吻腔。当吻腔收缩的时候，里面的液体在压力的作用下会把吻端外翻喷射出来，吻端的毒液麻痹了猎物之后，吻腔底部的收缩肌会把吻收回腔内，同时也会把猎物送到口的前端，方便纽虫食用自己的猎物。

它尖叫着，让伙伴们躲避："纽虫的嘴里能喷射出蜘蛛网一样的白色黏液，并能在1秒钟的时间内，把猎物吃光。"

这大纽虫已经开始行动了。

如果不是叶虫红贝克伪装成一片树叶，靠在墙边发抖，早被它吞进肚子里了。

大家逃跑无路，而炮弹组成的大厦外壳，已经解体，炮弹里钻出的蓑蛾，正在攻击仙子岩王国的国民，走廊旁的一扇门内发出拍击声。

"让它到我这里来。"

迪宝吓了一跳。

这声音如此熟悉，好像是失踪已久的瓢蜡蝉——年纪不知有多大，是仙子岩王国的创始者。

迪宝试着推了推门，门竟然被推开了。

横冲直撞的纽虫一头扎进里面，十几分钟后，整个巨大修长的身体才钻进去。它越缩越小，最后竟然爬到一只淡白色的"金龟子"身边，

瓢蜡蝉

瓢蜡蝉在低海拔山区或平地树林比较常见。科学家发现它们的后腿上长着一种类似齿轮的装置，凭借这种装置，瓢蜡蝉的幼虫可以跳出相当于自己体长100倍的距离。为了能精准地跳跃，瓢蜡蝉幼虫的腿需要在30微秒内完成从准备到弹射的动作，否则就有可能成为天敌的食物。而它们后腿上的齿轮装置帮了大忙，让它们跳跃得更加精准。

缩着脖子，听话地趴下不动弹了。

"这是我的宠物。"这"金龟子"用苍老沙哑的声音说，"多年前，我到时光森林里去赴老朋友的宴会，被邪恶黑天牛捉了去。它放出我的宠物，喂它能量之溪里的水，让它四处伤害无辜，还将我关在这大厦里。不！我可不是什么金龟子，而是瓢蜡蝉。"

仙子岩最高处，就有这伟大的瓢蜡蝉的塑像。

迪宝很快就认出来了："它说得一点儿也没错。"

迪宝搀扶住它："赶快逃走吧。"

瓢蜡蝉迈了一步，却被一道看不见的屏障弹了回去："由于这里面终日不见天日，我不仅忘记了自己的年龄，还忘记被关押了多少年。如果不说出我被关押的年限，这魔法封印是不会解除的，我也就会永远被困在里面，逃不出去。"

外面战火纷飞，伙伴们心情沉重。

每一次炮弹的重重落地声，都在它们心里激起千层巨浪，它们恨不得马上冲出去战斗，可是年迈的瓢蜡蝉，又让它们无法迈开脚步。

"让我想一想……"几分钟过去，瓢蜡蝉的脑海里还是空荡荡的。

这也难怪，蟑螂怪每天都给它喂糊涂汤，它怎么可能记得住自己的年龄呢？

不过，瓢蜡蝉可不是一般的昆虫，它的头脑充满智慧，又

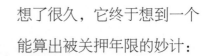

想了很久，它终于想到一个能算出被关押年限的妙计："我被关的年限乘以2，减去12，再除以2，减去3，结果就是你们的人数。快动动脑筋，推算出我被关押的年限来，如果我不出去阻止，仙子岩就被炮弹蓑蛾炸平了。"

"我看这跟数学还原问题有关。"阿诺想到了自己跟迪宝学到的知识，"'一个数加上3，乘3，再减去3，最后除以3，结果还是3，这个数是几？'像这样已知一个数的变化过程和最后的结果，求原来的数，我们通常把它叫作'还原问题'。解答还原问题，一般采用倒推法，简单地说，就是倒过来想。解答还原问题，我们可以根据题意，从结果出发，按它变化的相反方向一步步倒着推想，直到问题

蓑蛾

蓑蛾广泛分布于世界各地，已知约有800种，主要寄生在林木、果树、行道树上等。蓑蛾的幼虫会用丝、枝叶碎屑和其他残屑做成一个长约6厘米的外壳，看上去就像一个袋子，它们会在里面化蛹。幼虫居住在囊里的时候，还能伸出头和胸，背着囊一起移动，所以这种虫子又被叫作背包虫、袋虫等。

解决。同时，可利用
线段、图形、表格帮
助理解题意。"

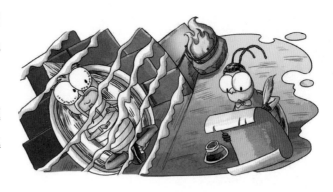

迪宝的大脑飞速
思考着："阿诺说得
一点儿没错，现在，
我们可以采用倒推法，从最后的结果'我们的人数'，也就是4，倒着
往前推。这个数没减去3时应是多少？没除以2时应是多少？没减去12时
应是多少？没乘以2时应是多少？这样依次逆推，就可以求出你被关了
多少年。"

"说得没错，"瓢蜡蝉赞许地点点头，"那么，到底是多少呢？"

"没减去3时应是：4+3=7；没除以2时应是：$7×2=14$。"迪宝
叫道。

"没减去12时应是：14+12=26；没乘以2时应是：$26÷2=13$，即
$[（4+3）×2+12]÷2=13$，你已经被关在这栋大厦里13年了！"阿诺惊
叫道。

阿诺话音刚落，眼前的一道屏障就消失了。

逃出来的瓢蜡蝉利用自己的魔法权杖打退了所有的炮弹蓑蛾，而
巨灵神移走了九头蜥蜴的炮弹大厦。它们的勇敢抵抗，吓得怪物四散奔
命，九头蜥蜴落荒而逃，整个仙子岩王国终于恢复了宁静。

伙伴们开始抢救精灵稻、修水渠、建城堡，一刻不停地建设美丽
家园。

在仙子岩的能工巧匠——金龟子的努力下，华丽的王宫恢复如初。

伙伴们更是片刻不停地呵护家园的一草一木，可是它们的能力毕竟有限，只好请力大无穷的巨灵神帮助东挪西搬，将面目全非的山体修复，将巨石垒好，将湖泊回归原位。

可是，这巨灵神虽然力气足，但由于个头太大，做什么都显得笨手笨脚，不是毁坏了精灵稻池，就是砸毁了王宫的后墙，使仙子岩每天都笼罩在巨物移挪的灰尘中。等到灰尘散去，大家心痛地发现，不仅许多植物被毁，而且一些建筑也被巨灵神的脚掌踏坏了。

"再这样下去，仙子岩真要荡然无存了。"墨丝陷入了回忆当中，

"在我很小的时候，就听说仙子岩最深的湖泊里有一道地缝，里面藏着一个小木匣。传说中，得到那木匣里的闪电球，行动会变得跟闪电一样快，还会变得十分灵巧。那灵敏的反应，恐怕连时光森林里的时间怪兽都无法相比。"

墨丝还说，不知有多少冒险家来寻找过闪电球。

可是，它们不是被淹死在深湖里，就是由于打不开木匣败兴而归。

"可怕的是，活着出来的人很少。"墨丝说，"看守木匣的是一条老鲇鱼。那木匣就放在它嘴里的一排锋利的牙齿后面。"

在迪宝的追问下，墨丝说："游进这鲇鱼嘴里，它并不会攻击，但如果回答错它提的问题，牙齿就会自动闭合。"

再让巨灵神这样搬移下去的话，仙子岩真的就要毁灭了。

迪宝决定去湖底冒险。

由于仙子岩被倾覆过，湖泊里的水流光了，现在虽然下过几场雨，但是水还很浅。

巨灵神喝干所有的水，让伙伴们顺顺利利地到达了湖底。

只见一道缝隙里，趴着一条巨大的老鲇鱼，它的嘴巴大张着，两条胡须在水波的涌动下，一上一下，闪烁着金光。鲇鱼嘴中早已挂满水草，看起来像一个挂满藤萝的山洞入口。

"进去瞧瞧。"

伙伴们掀开水草，钻了进去。

巨灵神只好坐在一旁等待。

"好大的木匣。"迪宝刚要伸手去摸，只听鲇鱼的喉咙"咕嘟"一声，传来一个低沉的声音，"不知天高地厚的家伙，我问你们，在一个减法算式里，被减数、减数与差的和等于120，而减数是差的3倍，那么差等于多少？回答正确，这木匣就会开启，那闪电球就会迎接新主人。"

它接着阴森森地说："要是错了……你们朝里面看。"

只见，这木匣的后面，也就是鱼嘴深处，堆积着厚厚的尸骨。

阿诺不禁打了一个冷战。

见迪宝要说话，它压住迪宝的手："我们可要想好了。"

巨灵神在外面不放心，也把巨大的绿眼睛投到鲇鱼嘴边："我说，鲇鱼老兄，我不会忘记你的好处。"

"谁也休想骗我。"鲇鱼说，"那九头蜥蝎就是用这方法，骗走了我的两颗黄水晶。"

这期间，迪宝一直在用心思考，它在脑海里不停地回想着木棉天牛吉西长老曾经传授的数学知识，不禁自言自语地分析道："这跟数学的和差倍问题有关。和倍问题就是已知两数的和与两数的倍数的关系，求

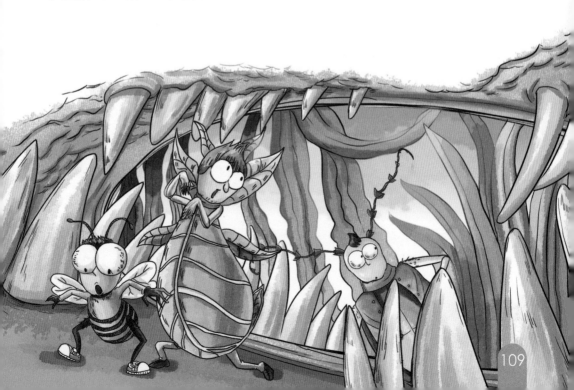

这两个数各是多少的应用题。"

小数＝和÷（倍数＋1）（一般用小数做标准）

大数＝和－小数（或大数＝小数×倍数）

等量关系：小数＋小数×倍数＝和

"差倍问题就是已知两个数的差与两个数的倍数关系，求这两个数是多少的应用题。"

小数＝差÷（倍数－1）

大数＝小数＋差（或大数＝小数×倍数）

等量关系：小数×倍数－小数＝差。

"解答和差倍应用题的关键，是选择合适的数作为标准，"阿诺也帮着分析，"设法把若干个不相等的数变为相等的数，某些复杂的应用题没有直接告诉我们两个数的和与差，可以通过转化求它们的和与差，再按照和差问题的方法来解答。"

"说了这么多，你们是在拖延时间吗？"老鲇鱼不耐烦地吼道。

"在这道题中，"迪宝接着说，"被减数=减数+差，所以，被减数和减数与差的和就各自等于被减数、减数与差的和的一半，即被减数=减数+差=（被减数+减数+差）÷2。因此，减数与差的和= 120÷2=60。这样就是基本的和倍问题了，小数=和÷（倍数+1）。"

"你说的东西我听不懂。"这老鲇鱼叫道，"如果这是答案……"

眼看着它就要闭嘴，金龟子迪宝连忙惊叫："慢着！真正的答案是这个：减数与差的和=120÷2=60，差=60÷（3+1）=15。"

"你们赢了。"

老鲇鱼虽然不情愿，却不由自主地张开嘴巴，吐出了木匣和小勇士们。

当木匣落到地上后，只见盖子"啪"的一声弹开，不仅弹出一个巨大的闪电球，还涌出一个巨大的水柱。水柱卷来各种各样的水生怪物，眼看着水不断涨高，整个湖泊就要被填平了。

得到闪电球的巨灵神突然间动作快如闪电，它在灾难发生前，就将所有的小勇士救出了湖泊。

当它跳到岸上后，湖泊已经变得像大海一样汹涌。

"我再也不会轻易张口了。"一个气泡带来老鲇鱼的抱怨，"现在，开始等下一个寻宝人……"

巨灵神很感激冒着生命危险帮它得到闪电球的小勇士们，它一刻也不停歇，只见这道大"闪电"不停地在仙子岩上东奔西走：一栋栋倒地的高楼被扶起，一个个大坑被填平，一座座岩石滚落的大山被修补好。等到太阳西斜，仙子岩草木葳蕤，风光旖旎，又恢复了往日的灿烂和繁荣。